Muhammad Ameen

# Disfunções da tiroide e aparecimento de bócio

**Muhammad Ameen**

# Disfunções da tiroide e aparecimento de bócio

**ScienciaScripts**

**Imprint**

Any brand names and product names mentioned in this book are subject to trademark, brand or patent protection and are trademarks or registered trademarks of their respective holders. The use of brand names, product names, common names, trade names, product descriptions etc. even without a particular marking in this work is in no way to be construed to mean that such names may be regarded as unrestricted in respect of trademark and brand protection legislation and could thus be used by anyone.

Cover image: www.ingimage.com

This book is a translation from the original published under ISBN 978-620-2-05737-0.

Publisher:
Sciencia Scripts
is a trademark of
Dodo Books Indian Ocean Ltd. and OmniScriptum S.R.L publishing group

120 High Road, East Finchley, London, N2 9ED, United Kingdom
Str. Armeneasca 28/1, office 1, Chisinau MD-2012, Republic of Moldova, Europe
Printed at: see last page
ISBN: 978-620-7-77873-7

# ÍNDICE

# LISTA DE ABREVIATURAS

| | |
|---|---|
| TSH | Thyroid stimulating hormone |
| $\chi^2$ | Chi-square |
| T4 | Tetra iodothyronine |
| T3 | Triiodothyronine |
| TFT,s | Thyroid functions tests |
| TRH | Thyrotropin releasing hormone |
| FT4 | Free tetraiodothyronine |
| FT3 | Free triiodothyronine |
| SCH | Subclinical hypothyroidism |
| TPOAb | Thyroid peroxidase antibody |
| THRA | Thyroid hormone receptors A |
| SRC-1 | steroid receptor co-activator 1 |
| TRs | Thyroid hormone nuclear receptors |
| bFGF | Fibroblast growth factor |
| PTC | Papillary thyroid cancer |
| FTC | follicular thyroid cancer |
| ATC | Anaplastic thyroid cancer |
| MTC | Medullary thyroid cancer |
| NE | Neuroendocrine |

# AGRADECIMENTOS

Estou em dívida para com o **ALTÍSSIMO ALLAH,** o propício, benevolente e soberano
, cuja bênção e glória floresceram os meus pensamentos e prosperaram as minhas ambições.

Lábios trémulos e olhos molhados, louvor ao **Profeta Hazrat MUHAMMAD** ( صلى الله عليه وسلم ) por iluminar a nossa consciência com a essência da fé em **ALLAH**, fazendo convergir sobre ele toda a Sua bondade e misericórdia.

É com o maior prazer que aproveito esta oportunidade para registar o meu profundo sentimento de respeito, gratidão, orientação esclarecida, ajuda afectuosa, interesse pessoal e supervisão analítica da **Dr.ª Ruqia Mehmood Baig** e a co-supervisão do **Dr. Muhammad Adnan Saeed**, que sempre proporcionou as facilidades necessárias ao longo deste projeto de investigação. A impressão da sua personalidade amável permanecerá sempre gravada na minha mente.

Não tenho palavras para reconhecer que todo o crédito vai para o meu sempre afetuoso mestre espiritual Muhammad Irfan e para os meus amáveis pais pela sua atitude amigável e amorosa, afeições melífluas, inspiração, bons desejos e grande interesse que me encorajam a alcançar o sucesso em todas as esferas da vida. A sua orientação e as suas orações são as raízes do meu sucesso.

Apresento os meus sinceros agradecimentos aos meus amigos Dr. Muhammad Afzal Baber, Engenheiro Faheem Nawaz, Haji Noor Gul Khan, Azam Khan Khattak, antigo advogado-geral adicional do Supremo Tribunal do Paquistão, pela sua amável cooperação e sugestões construtivas durante todo o período de investigação. Não posso ignorar as minhas irmãs que sempre me encorajaram e as suas orações têm estado comigo para o meu sucesso.

Que Alá os abençoe a todos com a Sua misericórdia?

**Muhammad Ameen**

# Capítulo 1
## INTRODUÇÃO

Verificou-se que a glândula tiroide é uma das glândulas mais importantes do sistema endócrino. Pesa cerca de 15-20 g do corpo humano (Bursuk., 2012). Dixit *et al.* (2009) referiram que está situada no pescoço, em frente da laringe e da traqueia, ao nível das vértebras cervicais 5th, 6th e 7th e da vértebra torácica 1st. Observaram ainda que não tem cobertura protetora da camada prétraqueal da fáscia cervical profunda. Constitui dois lóbulos laterais que estão ligados entre si por um lado estreito do meio do istmo.

Schwartz *et al.* (2007) observaram as duas formas básicas da hormona da tiroide, a T4 (3,5,3',5'-tetraiodotironina) e a T3 (3, 3',5- triiodotironina), que são produzidas e segregadas pelas células foliculares da glândula tiroide. Revelaram ainda que estas hormonas desempenham um papel extremamente importante no desenvolvimento normal do metabolismo celular, na proliferação e na diferenciação das células.

Oppenheimer *et al.* (1972) revelaram que a tetraiodotironina (T4) é gerada pela glândula tiroide como um composto inativo. Descreveram ainda que esta é transformada nos tecidos em triiodotironina (T3), que se combina com os receptores nucleares para iniciar a ação da hormona da tiroide (TH). Guyton e Hall. 1996 analisaram que a glândula tiroide produziu cerca de 7% de triiodotironina (T3) e cerca de 93% de tiroxina (T4). A primeira tem uma potência biológica 3-5 vezes superior à da fT4.

Morreale *et al.* (2004) referiram que as hormonas da tiroide são moléculas reguladoras essenciais que desempenham um papel importante no funcionamento e desenvolvimento de vários órgãos do corpo dos vertebrados e no funcionamento normal do cérebro antes e depois do nascimento. Além disso, examinou que estas são hormonas à base de tirosina que são parcialmente compostas por iodo e a sua deficiência aumenta o tecido da tiroide, que é conhecido como bócio simples (Irizarry e

Lisandro. (2014).

Surks *et al.* (2007) descreveram que um distúrbio da tiroide é uma doença física que resulta de uma disfunção da glândula que produz triiodotironina (T3) e tiroxina (T4). Observaram ainda que este disfuncionamento tem influenciado as funções da glândula pituitária e do hipotálamo e, consequentemente, as suas secreções.

Khan *et al.* (2002) referiram que a glândula tiroide tem duas doenças principais: uma é a produção mais elevada de hormonas da tiroide, a que se chama hipertiroidismo, e a outra é a produção mais baixa de hormonas da tiroide, a que se chama hipotiroidismo. Além disso, verificou-se que o nível sérico de TSH estava elevado no caso de hipotiroidismo primário, mas os valores de T3 e T4 permaneciam abaixo do intervalo normal. Evered *et al.* (1973) investigaram que, em caso de hipotiroidismo ligeiro, o TSH sérico também se encontrava elevado e os valores de T3 e T4 permaneciam dentro dos valores normais. Caldwell *et al.* 1985 referiram que, em caso de hipertiroidismo, os valores de triiodotironina e tiroxina se encontravam acima do nível elevado e que a TSH se encontrava diminuída devido ao mecanismo de feedback negativo.

Yamada e Mori. (2008) investigaram que o eixo hipotálamo-hipófise-tiroideia (HPT) regulou o nível sérico da produção de hormonas tiroideias através da secreção da hormona libertadora de tirotropina (TRH), que, por sua vez, estimula as células endócrinas da glândula pituitária quando se liga aos receptores de TRH (subunidades в de TSH). Examinaram ainda que, simultaneamente, a TSH é libertada da hipófise para a glândula tiroide, o que estimula a produção de T3 e T4.

Suarez. (1997) observou que, em caso de hipotiroidismo, a glândula tiroide não produz hormonas suficientes devido à presença de deficiência de iodo no sangue. Para além disso, Khandelwal e Tandon. (2012) referiram que tem sido indicado como primário (anomalia na própria glândula tiroide) ou secundário (como resultado de doença hipotalâmica ou hipofisária).

Khandelwal e Tandon. (2012) examinaram que o hipotiroidismo subclínico é a fase inicial durante a qual a concentração da hormona estimulante da tiroide (TSH) aumenta enquanto as concentrações séricas de tiroxina livre (FT4) e de triiodotironina (FT3) permanecem normais. Este tipo de hipotiroidismo transformou-se em hipotiroidismo manifesto em cerca de 2-5% dos casos anuais. Todos os doentes com ambas as perturbações devem receber tratamento quando a TSH é superior a 10 mUI/L.

Abalovich *et al.* (2007) determinaram que os doentes com hipotiroidismo subclínico (HSC) têm um nível de TSH aumentado com uma prevalência de 4-9,5% (origem endógena). O hipotiroidismo subclínico (até 20% das mulheres com mais de 60 anos têm hipotiroidismo subclínico) é causado pela subprodução de hormonas da tiroide, como no caso do bócio, ou por anticorpos da tiroide ou tiroidite autoimune.

Batrinos. (2006) analisou que os doentes com hipertiroidismo subclínico (HSC) apresentam uma diminuição do nível de TSH com uma prevalência de 5,5-6,5% (endógeno) e 10,9% (exógeno). Além disso, Surks *et al.* (2004) observaram que o hipertiroidismo subclínico é causado pelo aumento da produção endógena de hormonas da tiroide, como no caso do bócio nodular tóxico ou da doença de Graves. Surks *et al.* (2004) revelaram que a prevalência de hipotiroidismo e hipertiroidismo subclínicos é de 10% e 1%, respetivamente, o que determinou a evidência de disfunção da tiroide.

Surks *et al.* (2004) referiram que o processo de envelhecimento afectou tanto a incidência como os sintomas que surgem durante o exame médico do hipotiroidismo e do hipertiroidismo. Biondi *et al.* (2008) verificaram que a prevalência de hipotiroidismo subclínico aumentou com o envelhecimento devido a níveis elevados de tirotropina (TRH), variando entre 3 e 16% dos indivíduos com mais de 60 anos. O hipertiroidismo provocou um crescimento esquelético excessivo nas crianças, enquanto o hipotiroidismo reduziu o seu desenvolvimento completo. Guyton e Hall. (1996) observaram que estas crianças desenvolveram características psicológicas inadequadas ao longo da vida sem uma terapia adequada da tiroide.

Além disso, Somwaru *et al.* (2012) investigaram que níveis de TSH > 10 mIU/l estavam associados ao desenvolvimento de hipotiroidismo manifesto. Atualmente, Imaizumi *et al.* (2011) apresentam resultados semelhantes, segundo os quais níveis basais de TSH mais elevados (> 8 mUI/l) estão fortemente relacionados com o desenvolvimento de hipotiroidismo subclínico para hipotiroidismo manifesto e fazem previsões para o seu desenvolvimento.

Suzuki *et al.* (2012) verificaram que foram observadas alterações no TSH e nas hormonas tiroideias livres em função do sexo e durante o envelhecimento. Investigaram ainda que, nos homens, o processo de envelhecimento restringiu a concentração de hormonas tiroideias livres, mas não influenciou a concentração de TSH. Nas mulheres, os níveis de hormonas tiroideias livres não se alteraram com o envelhecimento, mas os níveis de TSH aumentaram de forma dependente da idade.

Kumar *et al.* (1997) determinaram que o bócio difuso (simples) ou bócio fisiológico é a doença da tiroide mais comum entre as diferentes doenças da tiroide. Investigaram ainda que o bócio difuso apresenta uma equivalência com a captação radioactiva difusa, enquanto o bócio multinodular não apresenta uma equivalência com a irregularidade da captação e da atividade em toda a glândula tiroide.

No entanto, Vander pump. (2011) investigou que o exame ecográfico da glândula tiroide sobrestimou a prevalência de bócio numa população, em comparação com o exame físico. Tunbridge *et al.* (1997) observaram que a incidência de bócio difuso diminuiu com a idade, tendo sido relatada uma elevada prevalência em mulheres na pré-menopausa, com um rácio de mulheres para homens de pelo menos 4:1, respetivamente.

Walsh *et al.* (1999) analisaram que a incidência de nódulos solitários foi estimada em cerca de 23%, que são de facto nódulos dominantes com bócio multinodular. Mazzaferri. (1992) referiu que cerca de 5 a 10 por cento dos nódulos palpáveis desenvolveram carcinoma da tiroide. Além disso, investigou que o grau de prevalência do bócio nodular depende da quantidade de iodo. Pinchera *et al.* (1996) revelaram o facto de, em áreas onde há falta de iodo (regiões italianas), o bócio nodular ter sido observado em 25-33% da população, enquanto nas áreas onde há iodo suficiente, a prevalência foi estimada entre 0,4-7,2%. Biondi e Cooper. (2008) examinaram que um exame de ultra-sons hipoecogénico revelou a presença de anticorpos contra a peroxidase da tiroide (TPOAb) em doenças auto-imunes da tiroide e que os TPOAb não foram detectados em >20% dos indivíduos com evidências de tal doença.

Charib. (1997) examinou a incidência de nódulos solitários e múltiplos em função do género. Observou ainda que estes nódulos representam 0,8% dos homens e 5,3% das mulheres e que, no caso das mulheres, a sua incidência aumenta a partir dos 45 anos. Foi referido que os níveis reduzidos de TSH no bócio não tóxico apresentavam concentrações diferentes nos ritmos circadianos e que se observavam impulsos de TSH ligeiramente reduzidos (Brabant, 1990). No caso do hipertiroidismo subclínico (SH), o ciclo de sono e vigília dos impulsos de TSH manteve-se inalterado até 0,005 mU/l, enquanto a variação dos impulsos de TSH durante o dia e a noite desapareceu a 0,002miU/l (Roelfsema *et al.*, 2009). (Guyton e Hall, 1996; Chandrasoma e Taylor, 1997; Mann *et al.*, 1995) referiram que, em caso de hipertiroidismo, a concentração sérica elevada destas hormonas se deve a razões exógenas e endógenas. Descreveram ainda que a primeira razão do hipertiroidismo é a disfunção da glândula, como a produção de anticorpos contra as células da tiroide, que estimulou a produção excessiva de hormonas da tiroide, enquanto a segunda razão do hipertiroidismo é a ingestão de quantidades excessivas de hormonas da tiroide e de iodo.

Kumar *et al.* (1997) observaram que o hipertiroidismo se deve geralmente a uma hiperplasia difusa da glândula tiroide. Referiram ainda que o hipertiroidismo está relacionado com a doença de Graves, durante a qual as hormonas da tiroide são excessivamente absorvidas, com o bócio multinodular hiperfuncional e com o tumor não canceroso da glândula tiroide. Investigaram ainda que existem muitas outras causas de hipertiroidismo, nomeadamente a tiroidite, o adenoma hipofisário secretor de TSH e a secreção de uma quantidade excessiva de hormonas da tiroide por uma tiroide ectópica que surge em tetramas ovarianos.

Akhtar *et al.* (2001) verificaram que a prevalência e a frequência do hipertiroidismo e do hipertiroidismo subclínico são de 3,3% e 4,3%, respetivamente. Esta prevalência é mais elevada nas mulheres do que nos homens, enquanto que em todos os grupos etários as frequências observadas são de 1,2% e 1,6% e de 5,1% e 5,8%. A prevalência do hipotiroidismo foi observada em 70% nas zonas rurais e acima de 50% na população urbana. A deficiência de iodo é a principal causa de hipotiroidismo na província paquistanesa de Khyber Pukhtunkhaw.

Suarez. (1997) referiu que a secreção da tiroide diminuiu devido à formação de anticorpos contra a glândula tiroide. Afirmou ainda que estes não são produzidos a um nível normal e tornaram a glândula tiroide ineficaz, como no caso da doença de Graves. Foley. (1992) examinou que os anticorpos de imunoglobulina (50-80 %) que actuam como TSH no sangue de doentes tireotóxicos se desenvolveram devido à presença de autoimunidade nos tecidos da tiroide. Os membros das mesmas famílias têm sofrido de doença de Graves e tiroidite autoimune, o que nos dá provas de doença genética. Tomer, 2010, descobriu que a doença autoimune da tiroide afectou a produção de hormonas da tiroide, o que induziu a disfunção da glândula tiroide. Isto causou duas doenças opostas da tiroide, a tiroidite de Hashimoto (HT) e a doença de Graves (GD).

Abalovich *et al.* (2007) descobriram que a gravidez induziu alterações na atividade da glândula tiroide e observaram ainda que as doenças da tiroide da mãe tiveram consequências desfavoráveis na gravidez e no recém-nascido. Vandana *et al.* (2014) revelaram que a gravidez desenvolveu hipotiroidismo, tirotoxicose e nódulos da tiroide que levaram a aborto espontâneo, separação da placenta, pré-eclâmpsia, parto pré-maduro e atraso mental. Vander pump. 2011 relatou que os nódulos da tiroide foram descobertos devido ao seu tamanho e localização na parte da frente do pescoço e que é da competência do médico tomar uma decisão conclusiva sobre nódulos únicos ou múltiplos.

O estudo examinou que a avaliação comparativa dos doentes na perspetiva do Paquistão ainda é inexistente, pelo que o presente trabalho foi concebido para comparar os testes das funções da tiroide dos doentes do grupo experimental (anormais) com o grupo de controlo (indivíduos normais). O principal objetivo deste estudo é avaliar a disfunção da tiroide em diferentes tipos de perturbações da glândula tiroide. Determinaria o custo económico em termos de recursos necessários para o desenvolvimento de centros de saúde devido ao aparecimento de bócio. O presente estudo seria útil para avaliar a disfunção da tiroide em doentes com diferentes tipos de bócio na população humana de Rawalpindi-Islamabad. Com base nos resultados do presente estudo, serão planeadas medidas estratégicas futuras para minimizar a doença do bócio nas áreas endémicas do Paquistão. O objetivo do presente estudo é o seguinte.

- Avaliação de diferentes níveis de disfunção da tiroide em doentes com bócio de Rawalpindi e Islamabad.

# Capítulo 2
## REVISÃO DA LITERATURA

Yamada *et al.* (2008) investigaram que duas hormonas importantes são sintetizadas pela glândula tiroide: a tiroxina (T4) e a triiodotironina (T3). Observaram ainda que esta glândula é estimulada através das secreções da glândula pituitária e que as irregularidades nestas hormonas podem causar hipotiroidismo ou hipertiroidismo. Elaine e Maieb. (1990) descreveram que a glândula tiroide necessita de dois aminoácidos de tirosina para a formação destas duas hormonas, que são constituídas pela combinação de aminoácidos de tirosina com quatro átomos de iodo (tiroxina) e três átomos de iodo (triiodotironina).

Caradoc *et al.* (1998) revelaram que o mau funcionamento da glândula tiroide se deve à presença de diferentes hormonas no sangue, que incluem a tiroxina total (T4), a tiroxina livre (FT4) e a triiodotironina (T3). Descreveram ainda que a maior parte da tiroxina (T4) está quimicamente combinada com uma proteína chamada globulina de ligação à tiroxina e que menos de 1% permanece livre no sangue.

Foi investigado que mutações genéticas como as dos receptores da hormona estimulante da tiroide (TSHR) e PAX8 induziram o crescimento do hipotiroidismo congénito sem desenvolver bócio. As mutações no gene TSHR tornam a glândula tiroide insensível à TSH e, consequentemente, a função da tiroide permanece normal apesar do aumento do nível de TSH, enquanto as mutações no gene PAX8 são atribuídas ao subdesenvolvimento ou à ausência completa da glândula tiroide (Paschke e Ludgate, 1997; Macchiaet al., 1998).

Lazar. (1993) investigou que os receptores da glândula tiroide foram codificados por dois genes (THRA *e* THRB*).* Descreveram ainda que cada recetor foi sujeito a splicing e gerou subtipos (TRal, TRei e TRe2) que estão distribuídos pelos vários tecidos do corpo. O TRal foi designado como o subtipo mais visível e foi encontrado nos ossos, no trato gastrointestinal, nos músculos do coração, no sistema esquelético, incluindo o cérebro e a medula espinal. Observou-se ainda que o TRei foi registado em número suficiente no fígado e nos rins, enquanto o TRe2 foi transcrito para sintetizar os produtos genéticos funcionais em alguns órgãos do corpo humano, como o hipotálamo, a pituitária, a cóclea e a retina.

Além disso, Horlein *et al.* (1996) referiram que os receptores da tiroide não se combinam quimicamente com os ligandos. Descreveram ainda que estes receptores foram submetidos ao processo de transcrição através da seleção de genes-alvo e que, para este processo, recrutaram moléculas complexas de proteínas. Além disso, observou-se que estas são compostas por vários inibidores, como a histona desacetilase, e que o recetor para a triiodotironina foi separado do complexo inibidor e, consequentemente, são recrutadas proteínas co-ativadoras, como o co-ativador do recetor de esteróides 1 (SRC-1), que regulam o processo de transcrição.

Guyton e Hall. (1996) investigaram que o hipotiroidismo se deve à diminuição das concentrações das hormonas da tiroide por razões exógenas ou endógenas. Descreveram ainda que, no caso de razões endógenas, a glândula tiroide desenvolveu anticorpos contra as suas próprias células, o que provocou a destruição da glândula em vez da sua estimulação. No caso da doença de Hashimoto, desenvolve-se uma autoimunidade que provoca a disfunção da glândula tiroide e foi registada como uma doença endógena. Em caso de doença exógena, a glândula tiroide apresenta uma atividade insuficiente e é extraída do sangue uma menor quantidade de iodo, o que desencadeia o bócio endémico.

Yamada *et al.* (2008) examinaram que o hipotiroidismo secundário ou terciário resulta da estimulação insuficiente do eixo hipotálamo-hipófise pela TSH. Os doentes diagnosticados com esta patologia têm normalmente uma glândula tiroide saudável e intacta, com o mau funcionamento a ocorrer na glândula pituitária (hipotiroidismo secundário) ou no hipotálamo (hipotiroidismo terciário)

Matavonovic. (1984) revelou que as causas mais proeminentes do hipotiroidismo são a deficiência de iodo nos alimentos, especificamente na mãe grávida e no bebé antes e depois do nascimento, a excisão da glândula tiroide para o tratamento do cancro, a tirodectomia parcial no hipertiroidismo e as substâncias goitrogénicas encontradas nas plantas e na água potável que desenvolveram o bócio. Chandrasoma e Taylor. (1997) descobriram que o hipotiroidismo pode ocorrer devido ao funcionamento anormal da glândula pituitária (hipotiroidismo secundário) e é muito raro na população.

Guyton e Hall. (1996) reconheceram que o hipertiroidismo tem sido causado pela ingestão de alguns fármacos antitiroideus para o seu tratamento e descreveram que estes fármacos, como o propiltiouracil, os tiocinatos e a abundância de iodeto inorgânico, induziram a doença do bócio. Observaram ainda algumas causas raras de bócio que são a deficiência de iodo, a produtividade excessiva de TSH, a imperfeição dos receptores da hormona da tiroide e a glândula tiroide foi examinada em estado maligno e autoimune.

Gruters *et al.* (2007) descobriram que o hipotiroidismo congénito tem influenciado cerca de um feto em 3500 -4000 nascimentos e tem causado funções intelectuais do cérebro abaixo da média. Biondi *et al.* (2008) determinaram que, nas áreas onde existe um fornecimento abundante de iodo, foram observados 85% de diferentes tipos de manifestações devido à ocorrência de disfunções do desenvolvimento da tiroide em intervalos irregulares. Investigaram ainda que isto provocou defeitos no desenvolvimento da tiroide embrionária (tiroide ectópica) e, por vezes, a eliminação completa do tecido da tiroide (atireose). O padrão de hereditariedade com genes autossómicos recessivos transmitiu os restantes 15% de deficiência permanente de hormonas da tiroide (disormonogénese).

Ness *et al.* (2000) verificaram que o sangue com maior concentração de hormonas tiroideias (T3 e T4) induziu uma resposta biológica complexa e causou um mau funcionamento das células epiteliais imunes do ovário. Quando a T3 se combina quimicamente com os receptores presentes no OSE, provoca a expressão de ERa e mRNA e simula a atividade dos receptores de estrogénio e codifica as isoformas de ER. Observaram ainda que estas isoformas estão relacionadas com a formação de células cancerígenas no ovário. Provaram que o hipertiroidismo está fortemente correlacionado com o cancro do ovário. Ghandrakant *et al.* (1976) examinaram as hormonas da tiroide que desempenham um papel vital no crescimento e na diferenciação dos cancros da mama e do ovário.

Woeber *et al.* (1991) referiram que a deficiência de iodo é a causa mais comum de hipotiroidismo fora dos EUA. No entanto, os doentes com uma função tiroideia anormal não beneficiam do mesmo processo. É de notar que a exposição crónica ao excesso de iodo pode levar a um hipotiroidismo sustentado em indivíduos com a função tiroideia comprometida, como os que sofrem de tiroidite autoimune.

Warner e Burch. (1984) determinaram que o hipertiroidismo se desenvolve quando os tecidos do corpo são expostos a uma concentração aumentada de hormonas da tiroide (T3 ou T4 ou ambas). Consequentemente, a manifestação clínica da tirotoxicose afecta todos os órgãos e é uma doença endócrino-metabólica comum, que afecta cerca de 2% das mulheres e 0,2% dos homens.

Hollowell *et al.* (2002) referiram que o hipertiroidismo provoca um excesso de síntese e secreção da glândula tiroide, o que leva a uma indisposição hipermetabólica, como se observa no caso da tirotoxicose. Descreveram ainda que desencadeou bócio tóxico difuso (doença de Graves), bócio multinodular tóxico (doença de Plummer) e adenoma tóxico. Filteau *et al.* (1994) observaram que a tirotoxicose primária envolve o aumento difuso da glândula tiroide devido ao hipermetabolismo com disfunções oculares e secreção excessiva das hormonas T4 e T3. Descreveram ainda que a tirotoxicose secundária resulta do excesso de secreção de TSH e T4 devido a bócios nodulares (únicos ou múltiplos).

Luboshitzky *et al.* (1995) examinaram o facto de a tirotoxicose ter sido encontrada em vários grupos etários e em diferentes situações clínicas. A prevalência de hipertiroidismo em crianças de vários grupos etários foi observada em 0,8%, enquanto Muller *et al.* 1997 relataram a ocorrência de hipertiroidismo em grupos etários idosos.

De Groot *et al.* (2012) investigaram que a presença de anticorpos contra a peroxidase da tiroide e a deficiência de iodo durante a gravidez também foram observadas como uma das principais causas de hipotiroidismo (5-15% das mulheres). Abalovich *et al.* (2002) descobriram ainda que este facto causou aborto espontâneo com menos de 20 semanas de gestação. Klein *et al.* (1991) verificaram que, em caso de hipotiroidismo subclínico, apenas o nível de TSH está elevado e o FT4 permanece normal.

Lin *et al.* (2011) examinaram que as funções mais significativas das hormonas da tiroide T3 e T4 são o crescimento rápido e a multiplicação de células tumorais e a angiogénese quando estas se combinam quimicamente com os receptores εVe3 presentes na membrana plasmática. Esta atividade proangiogénica e proliferativa da T3 e da T4 foi bloqueada pela utilização de ácido tetraiodotiroacético. A Pmapk translocada fosforilou muitas proteínas transactivadoras, como o recetor de estrogénio-a (ERa), o recetor de hormona da tiroide-в 1 (TRei) e o transdutor de sinal e ativador da transcrição-1a (STAT1a). Além disso, Lin *et al.* (2011) investigaram que o fator de crescimento de fibroblastos (bFGF) foi transcrito devido à presença de proteínas trans-activadoras fosforiladas, o que induziu a formação de novos vasos sanguíneos e outros factores de multiplicação que promovem rapidamente a divisão das células tumorais.

Amy *et al.* (2012) descobriram que muitos co-ativadores foram recrutados para TRa1 por T4 com co-ativadores TR existentes (SRC1 e TRAP220) e investigaram ainda que T4 exibiu uma resposta semelhante à induzida por T3. Iannacone *et al.* 2002 investigaram que o SRC1mRNA foi expresso em vários tecidos e no sistema nervoso central do corpo humano durante o desenvolvimento. Do mesmo modo, Galeeva *et al.* 2002 referiram que o TRAP220 foi expresso no desenvolvimento do cérebro. Investigaram ainda que os processos de proliferação e diferenciação celular eram regulados pela expressão deste gene, o que melhorava o processo de aprendizagem e de formação da memória.

Cheng *et al.* (2010) observaram que a hormona tiroideia nuclear

(TRs) têm sido contrariados no funcionamento biológico do T3 através da

processo de transcrição. Existem dois genes TR diferentes nos seres humanos: a e в, que codificam

diferentes isoformas do recetor de ligação ao T3 (al, pi, 32 e 33*)*. Quaisquer mutações no gene TRp

diminuem a sensibilidade do tecido alvo da hormona tiroideia. No entanto, muitos factores controlam

a atividade transcricional da T3. Estes factores foram determinados como o hospedeiro de proteínas

nucleares co-reguladoras, o tipo de elementos de resposta relativos às hormonas da tiroide e estes

estão localizados nos sítios promotores dos genes-alvo da T3 e nas regiões de expressão das isoformas

de TR. Cheng *et al.* (2010) examinaram os co-repressores e co-activadores destas proteínas que

reprimem ou activam o processo de transcrição.

Hundahl *et al.* (1998) referiram que, histologicamente, os tumores malignos endócrinos da

glândula tiroide incorporam diferentes tipos de células que originam diferentes tipos de cancros.

Investigaram ainda que o cancro papilar da tiroide (PTC), o cancro folicular da tiroide (FTC) e o

cancro anaplásico da tiroide (ATC) provêm de células epiteliais foliculares, enquanto o cancro

medular da tiroide (MTC) provém de células parafoliculares em forma de C.

Greenblatt e Chen, 2007; Sippel *et al.*, 2008 revelaram que

O cancro medular da tiroide (MTC) é um tumor neuroendócrino (NE) que surgiu a partir das células

foliculares paraenses secretoras de calcitonina da glândula tiroide. Segundo estes autores, todos os

tumores malignos da tiroide foram observados em 3%, embora a mortalidade causada pelo cancro

seja de 14%. Sipple *et al.* (2008) referiram que o tratamento de mais de 50% dos casos em estado de

metastização é muito difícil. Descreveram ainda que este facto tem impedido a remoção cirúrgica dos

tecidos e tem causado insalubridade.

Venturi. (2001) verificou que a glândula mamária deriva do ectoderma concentrador de iodo.

A absorção anormal de iodo alterou a função hormonal da tiroide (Zygmuntet *al.* (2012*)*. Dinda *et*

*al.,* 2002; Condi *et al.*, 2006 reconheceram que a diferenciação normal das células da mama e a proliferação de células cancerígenas da mama foram afectadas por estes receptores hormonais devido às suas diferentes concentrações, como no caso dos estrogénios. Maruchi. (1975) observou que, contrariamente a esta situação, o hipotiroidismo foi considerado um fator de proteção contra o cancro da mama no caso da tiroidite de Hashimoto.

Vander pump *et al.* (2005) observaram que a maior incidência de hipertiroidismo subclínico (0,4%) em indivíduos de raça negra se deve a concentrações séricas médias de TSH mais baixas do que as dos brancos (0,1%) ou dos mexicanos americanos (0,3%). Vander pump *et al.* (2005) analisaram o facto de as mulheres terem concentrações séricas de TSH mais elevadas, 0,4 mUI/l, comparativamente aos homens, de acordo com a percentagem de indivíduos. Referiram ainda que a prevalência de concentrações séricas subnormais de TSH era mais elevada em populações com deficiência de iodo (6 a 10%), devido à autonomia funcional dos bócios nodulares. Surks e Hollowell. (2007) investigaram que o intervalo de referência de 98% para a TSH sérica aumentou com a idade para os indivíduos com idade superior a oitenta anos (>80) e foi observado como 7,49 mIU/l, enquanto 70% da população foi definida como limite superior do intervalo de referência de 4,5 mIU/l, tendo 40% dos anticorpos sido registados como positivos.

Vander pump *et al.* (2005) verificaram que a presença de tiroidite focal no tecido da tiroide aumentou as concentrações séricas de anticorpos anti-tiroide (peroxidase anti-tiroide (microssomal) (TPOAb) e anti-tiroglobulina (TGAb)) e descreveram ainda que estes foram examinados através de biópsia e autópsia nos doentes que não apresentavam sintomas de hipotiroidismo durante a vida. Além disso, os primeiros estudos post-mortem indicaram que a presença de tiroidite crónica autoimune foi observada em mulheres adultas, numa proporção de 27%, tendo a sua frequência aumentado acima dos 50 anos de idade. Descreveram também que esta doença afectou cerca de 7% dos homens adultos, enquanto as alterações difusas ocorreram em 5% das mulheres e 1% dos homens.

Glinoer. (1999) observou que os níveis de TSH, T4 livre e T3 livre foram afectados em caso de gravidez e de doença hepática. Acrescentou ainda que a gestão dos diferentes tipos de bócio (bócio difuso, nódulo solitário e

O bócio multinodular) é altamente dependente do estado dos níveis de hormonas da tiroide. O presente estudo foi planeado para verificar o estado da função da tiroide em casos de diferentes tipos de bócio.

Por conseguinte, toda a amostra da população foi categorizada em vários grupos, com base nos tipos de bócio e na idade. O grupo A engloba o bócio difuso, o grupo B inclui o bócio nodular com nódulos múltiplos e nódulos solitários, incluindo nódulos quentes e frios, e o grupo C contém o bócio multinodular. Entre os grupos etários, o grupo D é composto por 1-20 anos, o grupo E por 20-40 anos, o grupo F por 40-60 anos e o grupo G por 60-80 anos de idade.

# Capítulo 3
## MATERIAIS E MÉTODOS

Nesta ruminação discursiva, foram incluídos um total de 500 indivíduos, constituindo uma amostra da população. Por categorização, 454 pacientes com bócio são colocados no grupo experimental, enquanto 50 indivíduos sem bócio são colocados no grupo de controlo. Os doentes com doença da tiroide (bócio) são diagnosticados através de uma tomografia da tiroide, de um exame de ultra-sons e de relatórios de exames físicos. O funcionamento da glândula tiroide foi analisado a partir de relatórios de testes de funções da tiroide recolhidos em vários laboratórios de Islamabad.

### 3.1 Enquadramento e área de estudo

O presente estudo foi realizado no Instituto de Medicina Nuclear, Oncologia e Radioterapia (NORI).

### 3.2 População estudada

Foi incluído no estudo um total de 500 doentes

### 3.3 Critérios de inclusão

Todos os pacientes com bócio em qualquer faixa etária serão incluídos no estudo.

### 3.4 Critérios de exclusão

- Gravidez

- Doença hepática evidenciada por um nível elevado de ALT

- Medicamentos:     Amiodarona, lítio, medicamentos antitiroideus (neomercazol/procarbizol[4] "     20

### 3.5 Grupos de estudo:

A população do estudo foi dividida nos seguintes grupos com base no tipo de bócio e na idade.

3.5.1    Grupo A: Bócio difuso

3.5.2    Grupo B: Nódulo solitário (subgrupos; B1. Nódulo frio, B2. Nódulo quente)

3.5.3    Grupo C: Bócio multinodular

3.5.4    Vários grupos etários (D,E,F e G)

Por conseguinte, toda a amostra da população foi categorizada em vários grupos, com base nos tipos de bócio e na idade. O Grupo A é constituído por bócio difuso, o Grupo B engloba o bócio nodular com nódulos múltiplos e nódulos solitários e o Grupo C contém bócio multinodular (MNG). Entre os grupos etários, o grupo D contém 1-20 anos, o grupo E 20-40 anos, o grupo F (40-60) anos e o grupo G tem 60-80 anos de idade.

### 3.6  Recolha de dados:

Depois de obtido o consentimento informado (Anexo I) dos doentes, os dados, juntamente com a história pormenorizada, foram recolhidos com a ajuda dos clínicos da NORI e introduzidos no formulário (Anexo II).

### 3.7  Análise de dados

Os dados foram analisados através do SPSS versão 17. Foram calculados os valores médios para a idade, história de bócio (duração), etc. Foi calculada a percentagem de diferentes tipos de disfunções da tiroide (hipotiroidismo, hipertiroidismo, eutiroidismo) em diferentes tipos de bócio.

### 3.8  A hormona estimulante da tiroide (TSH) como critério para o diagnóstico de disfunção da tiroide.

O estudo considerou a hormona estimulante da tiroide (TSH) como um critério para o diagnóstico de disfunção da tiroide. O intervalo normal da função tiroideia (TFT) relativamente à TSH diagnosticada no hospital NORI é de (0,27-4,2 |iIU/ml) e noutros laboratórios clínicos do

Paquistão. Os doentes com uma concentração elevada de TSH foram designados como hipotiroides

e os doentes com uma concentração sérica baixa de TSH foram designados como hipertiroides,

enquanto os doentes com valores normais de TSH são considerados eutiroides. Por conseguinte, este

trabalho é coerente com as conclusões do Dr. Firdushi Begum (2015), segundo o qual a estimativa

das concentrações séricas de hormonas da tiroide e de TSH tem grande importância para o diagnóstico

de problemas da tiroide. O estudo também está de acordo com os resultados de Ladenson *et al.* (2000),

que também consideraram o teste de TSH como um critério para o diagnóstico de disfunção da tiroide,

especialmente em casos de insuficiência mínima da tiroide (hipotiroidismo subclínico). Neste estudo,

a disfunção da tiroide é definida da seguinte forma

**3.9  A tabela mostra a concentração de TSH como critério para a deteção de anomalias**

**funcionamento da glândula tiroide**

| Condition | TSH | Thyroid hormones |
|---|---|---|
| Hyperthyroidism | <0.27μIU/ml | Elevated T4 or T3 |
| Hypothyroidism | >4.2 μIU/ml | Low T4 and T3 |
| Subclinical hyperthyroidism | TSH<0.1mIU/L | Normal T4 and T3 |
| Subclinical hypothyroidism | 4.5mIU/L<TSH<10mIU/L | Normal T4 and T3 |
|  | 0.1mIU/L<=TSH<0.4mIU/L | Normal T4 and T3 |
|  | TSH>=10mIU/L | Normal T4 and T3 |

# Capítulo 4
## RESULTADOS E DEBATES

Foi avaliada uma amostra de quinhentos (500) indivíduos pertencentes a vários grupos etários, sexo, local e tipo de doença através da análise do qui-quadrado $X^2$ ; entre eles, 454 doentes com bócio e 50 indivíduos como grupo de controlo sem bócio. Os testes de função da tiroide, os exames de ultra-sons e a tomografia da tiroide foram efectuados para investigar diferentes tipos de doenças da tiroide, como o bócio difuso, o bócio nodular e o bócio multinodular. O intervalo normal da função tiroideia (TFTs) especificado (0,27-4,2 |iIU/ml) em relação ao TSH foi estabelecido como critério para o funcionamento normal e anormal da glândula tiroide em doentes com bócio no hospital NORI e noutros laboratórios clínicos do Paquistão.

Os resultados revelaram que 279 doentes têm testes de funcionamento da TSH normais e 175 doentes têm testes de funcionamento da TSH anormais. Foi efectuada uma análise estatística para a avaliação comparativa dos testes de funcionamento da tiroide dentro e entre estes grupos, com base no tipo de bócio, na idade e no sexo. Em seguida, estes três grupos foram comparados com o grupo de controlo com base nas disfunções da tiroide prevalecentes em ambos os tipos de doentes.

*Tabela 4.1.  Cálculos de X2* (Contingência de duas vias) mostrando a diferença entre

**Pacientes normais e anormais do Grupo A**

| Gender | Normal | Abnormal | Total No of Patients |
|---|---|---|---|
| Male | 13<br>*16.46*<br>( 0.73) | 17<br>*13.54*<br>( 0.88) | 30 |
| Female | 66<br>*62.54*<br>( 0.19) | 48<br>*51.46*<br>( 0.23) | 114 |
| | 79 | 65 | 144 |

$\chi^2 = 2.034$,   df = 1,   $\chi^2$/df = 2.03 ,      $P(\chi^2 > 2.034) = 0.1539$

*Tabela 4.2. $X^2$ Cálculos (Contingência de duas vias) mostrando a diferença entre Hipertiroidismo e hipotiroidismo em doentes do Grupo A*

| Gender | Hyperthyroid | Hypothyroid | Total No of Patients |
|---|---|---|---|
| Male | 33 <br> *33.97* <br> ( 0.03) | 15 <br> *14.03* <br> ( 0.07) | 48 |
| Female | 13 <br> *12.03* <br> ( 0.08) | 4 <br> *4.97* <br> ( 0.19) | 17 |
| | 46 | 19 | 65 |

$\chi^2 = 0.362, \quad df = 1, \quad \chi^2/df = 0.36, \quad P(\chi^2 > 0.362) = 0.5475$

*Tabela 4.3. Cálculos X2 (Contingência de duas vias) mostrando a diferença entre*

*Doentes com hipertiroidismo e hipotiroidismo do grupo A e do grupo de controlo*

| Group A/Control Group | Normal | Hyperthyroid | Hypothyroid | Total No of Patients |
|---|---|---|---|---|
| Group A | 79<br>*75.71*<br>( 0.14) | 46<br>*37.86*<br>( 1.75) | 19<br>*30.43*<br>( 4.30) | 144 |
| Control Group | 23<br>*26.29*<br>( 0.41) | 5<br>*13.14*<br>( 5.05) | 22<br>*10.57*<br>( 12.37) | 50 |
| | 102 | 51 | 41 | 194 |

$\chi^2 = 24.018, \quad df = 2, \quad \chi^2/df = 12.01, \quad P(\chi^2 > 24.018) = 0.0000$

*Tabela 4. 4X2 Cálculos (Contingência de duas vias) que mostram a diferença estatística entre hipotiroideus, hipertiroideus e TSH normal Doentes com bócio difuso versus indivíduos de controlo*

| Number of Patients with TSH Concentrations | | | | | P-Value |
|---|---|---|---|---|---|
| | Total No. | Male | Female | Control | |
| Normal | 79<br>*70.34*<br>( 1.07) | 13<br>*16.16*<br>( 0.62) | 66<br>*54.19*<br>( 2.57) | 50<br>*67.31*<br>( 4.45) | **0.1163** |
| Abnormal | 65<br>*60.87*<br>( 0.28) | 17<br>*13.98*<br>( 0.65) | 48<br>*46.89*<br>( 0.03) | 50<br>*58.25*<br>( 1.17) | **0.8254** |
| High | 19<br>*29.76*<br>( 3.89) | 5<br>*6.83*<br>( 0.49) | 14<br>*22.93*<br>( 3.47) | 50<br>*28.48*<br>( 16.26) | **0.8919** |
| Low | 46<br>*48.02*<br>( 0.09) | 13<br>*11.03*<br>( 0.35) | 33<br>*36.99*<br>( 0.43) | 50<br>*45.95*<br>( 0.36) | **1.1157** |

***Tabela 4.5*** **X² Cálculos** *(Contingência de duas vias) que mostram a diferença entre*

*Pacientes normais e anormais do grupo B*

| Gender | Normal | Abnormal | Total No of Patients |
|---|---|---|---|
| Male | 12<br>*16.38*<br>( 1.17) | 11<br>*6.62*<br>( 2.89) | 23 |
| Female | 119<br>*114.62*<br>( 0.17) | 42<br>*46.38*<br>( 0.41) | 161 |
|  | 131 | 53 | 184 |

$\chi^2 = 4.638, \quad df = 1, \quad \chi^2/df = 4.64 , \qquad P(\chi^2 > 4.638) = 0.0313$

*Tabela 4.6* **Cálculos** $x_2$ *(contingência bidirecional) que mostram a diferença entre*

*Doentes com hipertiroidismo e hipotiroidismo do grupo B*

| Gender | Hyperthyroid | Hypothyroid | Total No of Patients |
|---|---|---|---|
| **Male** | 9<br>9.55<br>( 0.03) | 2<br>1.45<br>( 0.21) | 11 |
| **Female** | 37<br>36.45<br>( 0.01) | 5<br>5.55<br>( 0.05) | 42 |
| | 46 | 7 | 53 |

$\chi^2 = 0.300$,   $df = 1$,   $\chi^2/df = 0.30$,     $P(\chi^2 > 0.300) = 0.5841$

*Tabela 4.7* **X² Cálculos** *(Contingência de duas vias) que mostram a diferença entre*

*Doentes com hipertiroidismo e hipotiroidismo do grupo B e do grupo de controlo*

| Group B/Control Group | Normal | Hyperthyroid | Hypothyroid | Total No of Patients |
|---|---|---|---|---|
| Group B | 131<br>*121.09*<br>( 0.81) | 46<br>*40.10*<br>( 0.87) | 7<br>*22.80*<br>( 10.95) | 184 |
| Control Group | 23<br>*32.91*<br>( 2.98) | 5<br>*10.90*<br>( 3.19) | 22<br>*6.20*<br>( 40.30) | 50 |
| | 154 | 51 | 29 | 234 |

$\chi^2 = 59.108, \quad df = 2, \quad \chi^2/df = 29.55, \quad P(\chi^2 > 59.108) = 0.0000$

*Tabela 4. 8X2 Cálculos (Contingência de duas vias) que mostram a diferença estatística entre hipotiroideu, hipertiroideu e TSH normal Doentes com bócio nodular (GN) indivíduos de controlo*

| Number of Patients with TSH Concentrations | Total No. | Male | Female | Control | P-Value |
|---|---|---|---|---|---|
| Number of patients with abnormal TSH concentration | 53 | 11<br>12.86<br>( 0.27) | 42<br>40.14<br>( 0.09) | 50<br>50.00<br>( 0.00) | 0.3913 |
| Number of patients with low TSH concentration | 46 | 9<br>11.02<br>( 0.37) | 37<br>34.98<br>( 0.12) | 50<br>50.00<br>( 0.00) | 0.3334 |
| Number of patients with high TSH concentrations | 7 | 2<br>1.96<br>( 0.00) | 5<br>5.04<br>( 0.00) | 50<br>50.00<br>( 0.00) | 1.0926 |
| Number of patients with normal TSH concentrations | 131 | 12<br>18.82 ( 2.47) | 119<br>112.18<br>( 0.41) | 50<br>50.00<br>( 0.00) | 0.0012 |

*Tabela 4.9.  Cálculos de X2 (Contingência de duas vias) mostrando a diferença entre*

*Pacientes normais e anormais do grupo C*

| Gender | Normal | Abnormal | Total No of Patients |
|---|---|---|---|
| Male | 11<br>*11.46*<br>( 0.02) | 8<br>*7.54*<br>( 0.03) | 19 |
| Female | 65<br>*64.54*<br>( 0.00) | 42<br>*42.46*<br>( 0.00) | 107 |
| | 76 | 50 | 126 |

$\chi^2 = 0.055$,   df = 1,   $\chi^2/df = 0.05$,      $P(\chi^2 > 0.055) = 0.8151$

*Tabela 4.10.* **Cálculos de** $x_2$ **(contingência bidirecional) que mostram a diferença entre**

*Doentes com hipertiroidismo e hipotiroidismo do grupo C*

| Gender | Hyperthyroid | Hypothyroid | Total No of Patients |
|---|---|---|---|
| **Male** | 6<br>*5.60*<br>( 0.03) | 2<br>*2.40*<br>( 0.07) | **8** |
| **Female** | 29<br>*29.40*<br>( 0.01) | 13<br>*12.60*<br>( 0.01) | **42** |
| | 35 | 15 | 50 |

$\chi^2 = 0.113,$   df = 1,   $\chi^2/df = 0.11$ ,     $P(\chi^2 > 0.113) = 0.7364$

*Tabela 4.11.* **X² Cálculos** *(Contingência de duas vias) mostrando a diferença entre*

*Doentes com hipertiroidismo e hipotiroidismo do grupo C e do grupo de controlo*

| Group C/Control Group | | | | Total No of Patients |
|---|---|---|---|---|
| | Normal | Hyperthyroid | Hypothyroid | |
| Group C | 76<br>*70.88*<br>( 0.37) | 35<br>*28.64*<br>( 1.41) | 15<br>*26.49*<br>( 4.98) | 126 |
| Control Group | 23<br>*28.12*<br>( 0.93) | 5<br>*11.36*<br>( 3.56) | 22<br>*10.51*<br>( 12.56) | 50 |
| | 99 | 40 | 37 | 176 |

$\chi^2 = 23.822$,    df = 2,    $\chi^2/df = 11.91$,     $P(\chi^2 > 23.822) = 0.0000$

*Tabela 4.    12X² Cálculos (Contingência de Duas Vias) que mostram a diferença estatística entre hipotiroideus, hipertiroideus e TSH normal em doentes com bócio multinodular (MNG) versus indivíduos de controlo*

| Number of Patients with TSH concentrations | | | | | P-Value |
|---|---|---|---|---|---|
| | Total No. | Male | Female | Control | |
| Normal | 76<br>*76.00*<br>(0.00) | 12<br>*15.68*<br>(0.86) | 64<br>*60.32*<br>(0.22) | 50<br>*50.00*<br>(0.00) | **0.2534** |
| Abnormal | 50<br>*50.00*<br>(0.00) | 8<br>*11.00*<br>(0.82) | 42<br>*39.00*<br>(0.23) | 50<br>*50.00*<br>(0.00) | **0.3503** |
| High | 35<br>*35.00*<br>(0.00) | 5<br>*7.82*<br>(1.02) | 30<br>*27.18*<br>(0.29) | 50<br>*50.00*<br>(0.00) | **0.3277** |
| Low | 15<br>*15.00*<br>(0.00) | 3<br>*3.92*<br>(0.22) | 12<br>*11.08*<br>(0.08) | 50<br>*50.00*<br>(0.00) | **0.8260** |

*Tabela 4.13.*  **Cálculos de** $x_2$ *(Contingência de duas vias) mostrando a diferença entre*

*Pacientes normais e anormais do Grupo A,  Grupo B e Grupo C*

| Group A/Group B/Group C | Normal | Hyperthyroid | Hypothyroid | Total No of Patients |
|---|---|---|---|---|
| Group A | 79<br>*90.71*<br>( 1.51) | 46<br>*40.28*<br>( 0.81) | 19<br>*13.00*<br>( 2.76) | 144 |
| Group B | 131<br>*115.91*<br>( 1.96) | 46<br>*51.47*<br>( 0.58) | 7<br>*16.62*<br>( 5.57) | 184 |
| Group C | 76<br>*79.37*<br>( 0.14) | 35<br>*35.25*<br>( 0.00) | 15<br>*11.38*<br>( 1.15) | 126 |
| | 286 | 127 | 41 | 454 |

$\chi^2$ = 14.497,   df = 4,   $\chi^2$/df = 3.62 ,      P($\chi^2$ > 14.497) = 0.0059

*Tabela 4.14.* **X² Cálculos *(Contingência de duas vias) mostrando a diferença entre Pacientes normais e anormais de diferentes grupos etários D e E***

| Age Groups | Normal | Abnormal | Total No of Patients |
|---|---|---|---|
| Group D(1-20 years) | 20 *21.21* ( 0.07) | 12 *10.79* ( 0.14) | 32 |
| Group E(20-40 years) | 149 *147.79* ( 0.01) | 74 *75.21* ( 0.02) | 223 |
| | 169 | 86 | 255 |

$\chi^2 = 0.233$,   df = 1,   $\chi^2$/df = 0.23 ,     $P(\chi^2 > 0.233) = 0.6291$

*Tabela 4.15 Cálculos X2 (contingência bidirecional) que mostram a diferença estatística entre doentes hipotiroideos, hipertiroideos e com TSH normal de 1 a 20 anos de idade e indivíduos de controlo*

| Patients with TSH concentration | Total No. | Male | Female | Control | P-Value |
|---|---|---|---|---|---|
| Normal | 20<br>*13.75*<br>( 2.84) | 7<br>*5.31*<br>( 0.54) | 13<br>*8.44*<br>( 2.47) | 50<br>*62.50*<br>( 2.50) | 90 |
| Abnormal | 12<br>*11.31*<br>( 0.04) | 5<br>*4.37*<br>( 0.09) | 7<br>*6.94*<br>( 0.00) | 50<br>*51.39*<br>( 0.04) | 74 |
| High | 6<br>*9.47*<br>( 1.27) | 3<br>*3.65*<br>( 0.12) | 3<br>*5.81*<br>( 1.36) | 50<br>*43.06*<br>( 1.12) | 62 |
| Low | 6<br>*9.47*<br>( 1.27) | 2<br>*3.65*<br>( 0.75) | 4<br>*5.81*<br>( 0.57) | 50<br>*43.06*<br>( 1.12) | 62 |
|  | 44 | 17 | 27 | 200 | 288 |

*Tabela 4.16 Cálculos X2 (Contingência de duas vias) que mostram a diferença estatística entre doentes hipotiroideos, hipertiroideos e com TSH normal de 20-40 anos de idade e indivíduos de controlo*

| Patients with TSH concentration | Total No. | Male | Female | Control | P-Value |
|---|---|---|---|---|---|
| Normal | 161<br>140.74<br>( 2.92) | 13<br>21.27<br>( 3.22) | 148<br>119.47<br>( 6.81) | 50<br>90.51<br>( 18.13) | 372 |
| Abnormal | 75<br>75.67<br>( 0.01) | 17<br>11.44<br>( 2.71) | 58<br>64.23<br>( 0.60) | 50<br>48.66<br>( 0.04) | 200 |
| High | 14<br>29.51<br>( 8.15) | 5<br>4.46<br>( 0.07) | 9<br>25.05<br>( 10.28) | 50<br>18.98<br>( 50.71) | 78 |
| Low | 61<br>65.08<br>( 0.26) | 12<br>9.83<br>( 0.48) | 49<br>55.24<br>( 0.71) | 50<br>41.85<br>( 1.59) | 172 |
|  | 311 | 47 | 264 | 200 | 822 |

*Tabela 4.17 Cálculos X2 (contingência bidirecional) que mostram a diferença estatística entre doentes com 40-60 anos de idade com hipotiroidismo, hipertiroidismo e TSH normal e indivíduos de controlo*

| Patients with TSH concentration | | | | | P-Value |
| --- | --- | --- | --- | --- | --- |
| | Total No. | Male | Female | Control | |
| Normal | 96 *83.65* ( 1.82) | 16 *17.93* ( 0.21) | 80 *65.73* ( 3.10) | 50 *74.69* ( 8.16) | 242 |
| Abnormal | 64 *61.53* ( 0.10) | 16 *13.19* ( 0.60) | 48 *48.35* ( 0.00) | 50 *54.94* ( 0.44) | 178 |
| High | 17 *29.04* ( 4.99) | 3 *6.22* ( 1.67) | 14 *22.81* ( 3.41) | 50 *25.93* ( 22.35) | 84 |
| Low | 47 *49.78* ( 0.16) | 13 *10.67* ( 0.51) | 34 *39.11* ( 0.67) | 50 *44.44* ( 0.69) | 144 |
| | 224 | 48 | 176 | 200 | 648 |

*Tabela 4.18 Cálculos X2 (contingência bidirecional) que mostram a diferença estatística entre doentes hipotiroideos, hipertiroideos e com TSH normal de 60-80 anos em diante e indivíduos de controlo*

| Patients with TSH concentration | Total No. | Male | Female | Control | P-Value |
|---|---|---|---|---|---|
| Normal | 14<br>*11.14*<br>( 0.73) | 4<br>*3.34*<br>( 0.13) | 10<br>*7.80*<br>( 0.62) | 50<br>*55.71*<br>( 0.59) | 78 |
| Abnormal | 13<br>*10.86*<br>( 0.42) | 4<br>*3.26*<br>( 0.17) | 9<br>*7.60*<br>( 0.26) | 50<br>*54.29*<br>( 0.34) | 76 |
| High | 6<br>*8.86*<br>( 0.92) | 0<br>*2.66*<br>( 2.66) | 6<br>*6.20*<br>( 0.01) | 50<br>*44.29*<br>( 0.74) | 62 |
| Low | 7<br>*9.14*<br>( 0.50) | 4<br>*2.74*<br>( 0.58) | 3<br>*6.40*<br>( 1.81) | 50<br>*45.71*<br>( 0.40) | 64 |
| | 40 | 12 | 28 | 200 | 280 |

$\chi^2 = 10.866, \quad df = 9, \quad \chi^2/df = 1.21, \quad P(\chi^2 > 10.866) = 0.2850$

*Tabela 4.19.* *Cálculos X2* (contingência bidirecional) mostrando a diferença

entre doentes normais e anormais dos grupos etários E e F

| Age Groups | | | Total No of Patients |
|---|---|---|---|
| | Normal | Abnormal | |
| Group E(20-40 years) | 149<br>*138.32*<br>( 0.83) | 74<br>*84.68*<br>( 1.35) | 223 |
| Group F(40-60 years) | 96<br>*106.68*<br>( 1.07) | 76<br>*65.32*<br>( 1.75) | 172 |
| | 245 | 150 | 395 |

$\chi^2 = 4.990$,   df = 1,   $\chi^2/df = 4.99$,     $P(\chi^2 > 4.990) = 0.0255$

*Tabela 4.20.*   X$^2$ Cálculos *(Contingência de duas vias) mostrando a diferença entre Pacientes normais e anormais de diferentes idades Grupos F e G*

| Age Groups | Normal | Abnormal | Total No of Patients |
|---|---|---|---|
| Group F(40-60 years) | 96<br>95.08<br>( 0.01) | 76<br>76.92<br>( 0.01) | 172 |
| Group G(60-80 years) | 14<br>14.92<br>( 0.06) | 13<br>12.08<br>( 0.07) | 27 |
| | 110 | 89 | 199 |

$\chi^2$ = 0.148,   df = 1,   $\chi^2$/df = 0.15 ,     P($\chi^2$ > 0.148) = 0.7003

*Tabela 4.21.* **X²** *Cálculos (Contingência de duas vias) mostrando a diferença entre*

*Pacientes normais e anormais de diferentes idades Grupos D, E, F e G*

| Age Groups | Normal | Abnormal | Total No of Patients |
|---|---|---|---|
| Group D(1-20Years) | 20<br>*19.67*<br>( 0.01) | 12<br>*12.33*<br>( 0.01) | **32** |
| Group E(20-40Years) | 149<br>*137.04*<br>( 1.04) | 74<br>*85.96*<br>( 1.66) | **223** |
| Group F(40-60 Years) | 96<br>*105.70*<br>( 0.89) | 76<br>*66.30*<br>( 1.42) | **172** |
| Group G(60-80 Years) | 14<br>*16.59*<br>( 0.41) | 13<br>*10.41*<br>( 0.65) | **27** |

| | 279 | 175 | 454 |
|---|---|---|---|
| | | | |

$\chi^2 = 6.082,$    df = 3,    $\chi^2/df = 2.03$ ,     $P(\chi^2 > 6.082) = 0.1077$

## 4.1 DISFUNÇÃO DA TIRÓIDE EM DIFERENTES DEMOGRAFIAS PARÂMETROS

### 4.1.1 Grupo A: Bócio difuso

Neste estudo imediato, todos os doentes com bócio difuso foram incluídos neste grupo, constituindo uma amostra de 144 doentes que sofrem de bócio difuso: entre eles, 79 doentes foram designados como normais e 65 como anormais, de acordo com os valores normais (0,27-4,2 |iIU/ml) dos testes de função da tiroide (TFTs). A avaliação estatística dos testes da função tiroideia no grupo A com bócio difuso é apresentada na tabela 4.1, na tabela 4.2, na tabela 4.3 e na tabela 4.4.

A Tabela 4.1 mostra a diferença estatística entre os doentes normais e anormais do grupo A com bócio difuso. Foi analisado estatisticamente que a diferença entre os doentes normais e anormais do Grupo A não é significativa. Este estudo investigou que o bócio é igualmente prevalente em ambos os tipos de doentes normais e anormais e não é influenciado por níveis séricos anormais de TSH, FT3 e FT4.

A Tabela 4.1 mostra a análise estatística entre o sexo masculino e o sexo feminino nos doentes do grupo A com bócio difuso. Foi analisado que, em toda a amostra da população, o grupo A incluía 30 homens e 114 mulheres, com uma proporção de 21% e 79%, respetivamente. Além disso, a análise estatística determinou que a diferença não é significativa entre os homens e as mulheres do grupo A. Isto indica que a disfunção da tiroide é igualmente prevalente tanto nos homens como nas mulheres do grupo A. Este estudo é consistente com as conclusões de Tunbridge *et al.* (1997), que determinaram que a prevalência do bócio difuso é maior nas mulheres na pré-menopausa e que a proporção de mulheres para homens é de, pelo menos, 4:1.

A Tabela 4.2 mostra a análise estatística semelhante entre homens e mulheres em doentes com anomalias do grupo A. Analisou-se estatisticamente que o grupo A era constituído por 48 homens e 17 mulheres, com uma proporção de 74% e 26%, respetivamente. A percentagem de homens é superior à das mulheres no que diz respeito aos valores anormais dos testes de função da tiroide. A análise estatística determinou a diferença não significativa entre homens e mulheres nos doentes com anomalias do grupo A. Observou-se que as disfunções da tiroide são igualmente prevalentes tanto nos homens como nas mulheres. A prevalência das disfunções da tiroide não aumentou significativamente nestes doentes. Por conseguinte, o presente estudo concluiu que a disfunção da tiroide não é uma causa comum de bócio difuso no género.

A Tabela 4.3 indica a diferença estatística entre Hipertiroidismo e Hipotiroidismo do grupo A. Os doentes anormais foram classificados em hipertiroidismo e hipotiroidismo com base em testes normais da função tiroideia (TFT) (0,27-4,2 ^IU/ml). Foi analisado estatisticamente que existe uma diferença não significativa entre hipertiroideus e hipotiroideus do grupo A. Observou-se neste estudo que a disfunção da tiroide está igualmente presente em ambas as categorias do grupo A. Por conseguinte, o presente estudo é consistente com o de outros investigadores Biondi *et al.* 2008, que referiram que a prevalência de hipotiroidismo aumentou devido ao nível elevado da hormona estimulante da tiroide (TSH) em pessoas com mais de 60 anos de idade. Da mesma forma, este estudo também está de acordo com os resultados de Vander pump *et al.* 2005, que investigaram que a maior prevalência de hipertiroidismo subclínico (0,4%) em indivíduos de raça negra se deve a concentrações médias de TSH no soro inferiores às dos brancos (0,1%) ou dos mexicanos americanos (0,3%).

Tabela 4.4 concluiu estatisticamente a diferença significativa entre hipertiroidismo e hipotiroidismo dos indivíduos do grupo A e do grupo de controlo. Por conseguinte, verificou-se que a prevalência de disfunções da tiroide é diferente em ambos os grupos. Neste estudo, observou-se que os doentes do Grupo A que sofrem de bócio difuso têm uma disfunção da tiroide comparativamente mais elevada do que os doentes normais do Grupo de Controlo.

O quadro 4.4 acima indica a diferença estatística não significativa entre os doentes normais, anormais, hipotiroideos e hipertiroideos do grupo A e os indivíduos do grupo de controlo. Os níveis anormais de TSH nos doentes (55%) e os níveis normais de TSH nos doentes (45%) com bócio difuso mostraram que a incidência de bócio difuso não depende apenas dos testes de disfunção da tiroide. Além disso, entre os doentes com anomalias, 71% tinham níveis baixos de TSH e 29% tinham níveis elevados de TSH, o que revelou o facto de o bócio difuso depender da concentração de TSH. Os doentes com níveis baixos de TSH têm maior probabilidade de ocorrência da doença do que os doentes com níveis elevados de TSH. Os resultados concluíram que a incidência da doença é maior nos doentes que apresentam valores anormais das provas de função da tiroide.

### 4.1.2 Grupo B: Nódulo solitário (subgrupos; B1. Nódulo frio, B2. Nódulo quente)

O bócio nodular, constituído por nódulos solitários e múltiplos, incluindo nódulos quentes e frios, foi colocado no grupo B. Este grupo era composto por um total de 184 doentes, constituindo uma amostra da população. Observou-se que o número máximo de doentes (131) era normal e o número máximo de doentes (53) era anormal, de acordo com os valores normais dos testes da função tiroideia (0,27-4,2 |iIU/ml). A análise estatística seguinte determinou que a proporção de doentes normais e anormais é de 71% e 29%, respetivamente. Estes doentes anormais constituíram 46 doentes com hipertiroidismo e 7 doentes com hipotiroidismo. A avaliação estatística dos testes da função tiroideia no grupo B é apresentada na tabela 4.5, tabela 4.6, tabela

4.7 e quadro 4.8.

A Tabela 4.5 indica que existe uma diferença significativa entre os doentes normais e anormais do grupo B. Foi revelado que a disfunção da tiroide é igualmente prevalente em ambas as categorias do grupo B. Por conseguinte, o estudo concluiu que a incidência de bócio nodular depende dos testes de função da tiroide.

A Tabela 4.6 mostra a diferença estatística entre homens e mulheres do grupo B. A amostra é composta por 161 mulheres e 23 homens, constituindo uma proporção de 87% e 13%, respetivamente. Foi avaliado estatisticamente que existe uma diferença não significativa prevalecente em ambas as categorias do grupo B. Como resultado, a disfunção da tiroide é altamente observada nas mulheres em comparação com os homens e a proporção de mulheres é de 87% no grupo B. A análise estatística que se segue observou que os valores da disfunção da tiroide não afectam a prevalência do bócio. O resultado está de acordo com as conclusões de Hollowell *et al.* (2002), que revelaram que a percentagem de indivíduos com uma concentração elevada de TSH no soro era mais elevada nas mulheres do que nos homens em cada década de idade, variando entre 4 e 21% nas mulheres e 3 e 16% nos homens.

A Tabela 4.6 indica a diferença entre os doentes hipertiroideos e hipotiroideos do Grupo B, que incluiu 46 doentes como hipertiroideos e 7 doentes como hipotiroideos. A proporção de hipertiroideus é de 86%, enquanto a proporção de hipotiroideus é de 14%. A análise estatística que se segue observou uma diferença não significativa entre as duas categorias. Os resultados concluíram que a disfunção da tiroide é igual nas duas categorias de bócio nodular. O presente trabalho é mais inconsistente com os resultados de Guyton e Hall. 1996, que investigaram que o hipotiroidismo se deve ao baixo nível de hormonas tiroideias circulantes: por razões exógenas ou endógenas.

A Tabela 4.7 mostra a diferença entre hipertiroidismo e hipotiroidismo do grupo B e do grupo de controlo. Foi avaliado estatisticamente que existe uma diferença significativa entre os doentes anormais de ambos os grupos. Por conseguinte, a análise atual mostrou que a disfunção da tiroide é altamente prevalente nos doentes com bócio nodular do grupo B, comparativamente ao grupo de controlo. Este resultado permitiu concluir que os doentes com bócio nodular e nódulos solitários têm mais disfunções da tiroide do que os do grupo de controlo.

O quadro 4.8 acima avalia a diferença estatística entre os doentes anormais, hipotiroideos e hipertiroideos e os indivíduos do grupo de controlo. A comparação do perfil lipídico em indivíduos eutiroideus, subclínicos e clínicos com hipotiroideu e hipertiroideu versus indivíduos do grupo de controlo determinou diferenças não significativas através de testes não paramétricos (p> 0,05). Os doentes com bócio nodular hipotiroideus, hipotiroideus clínicos e subclínicos e hipertiroideus não alteraram o perfil lipídico em comparação com os eutiroides, o que mostrou uma diferença estatisticamente não significativa. O estudo observou que a disfunção hormonal não era igualmente prevalente tanto no grupo experimental como no grupo de controlo. A prevalência da doença depende da concentração de TSH. Por conseguinte, o trabalho de investigação é coerente com as conclusões do Dr. Firdushi Begum (2015), segundo o qual a estimativa das concentrações séricas de hormonas da tiroide e de TSH tem grande importância para o diagnóstico de problemas da tiroide. O resultado revelou que os níveis de TSH, FT3 e FT4 afectaram o aparecimento de bócio em ambos os grupos. O estudo também não está de acordo com as conclusões de Ladenson *et al.* (2000), que também consideraram o teste de TSH como um critério para o diagnóstico de disfunção da tiroide, especialmente em casos de insuficiência mínima da tiroide (hipotiroidismo subclínico). O estudo é inconsistente com os resultados de Evered *et al.* (1973), que investigaram que, em caso de hipotiroidismo ligeiro, a TSH sérica também se encontrava elevada e os valores de T3 e T4 se mantinham no intervalo normal.

### 4.1.3 **Grupo C: Bócio multinodular**

Neste estudo, todos os doentes com bócio multinodular foram incluídos neste grupo. A amostra do grupo de 126 doentes que sofrem de bócio multinodular foi avaliada estatisticamente através de testes de qui-quadrado. A análise seguinte observou que 76 doentes eram normais e 50 eram anormais, de acordo com os valores dos testes de função tiroideia (0,27-4,2 |iIU/ml). Os doentes anormais foram ainda categorizados em 35 como hipertiroideus e 15 como hipotiroideus. As proporções de normal e anormal de acordo com os valores dos testes de função tiroideia são de 60% e 40%, respetivamente. No entanto, a análise estatística determinou que a ocorrência da doença é igualmente observada em ambas as categorias. A avaliação estatística dos testes de função tiroideia no grupo C é apresentada na tabela 4.9, tabela 4.10, tabela 4.11, tabela 4.12 e tabela 4.13.

A Tabela 4.9 mostra a diferença estatisticamente não significativa entre os doentes normais e anormais do grupo B. Este estudo investigou que a prevalência do bócio multinodular não depende dos testes da função tiroideia. Por conseguinte, o estudo atual não está de acordo com as conclusões de Glinoer. 1999, que observou que a gestão de diferentes tipos de bócio (bócio difuso, nódulo solitário e bócio multinodular) está altamente dependente do estado dos níveis de hormonas da tiroide.

A Tabela 4.9 também indica a diferença estatisticamente não significativa entre os homens e as mulheres do grupo C. Isto determinou que a disfunção da tiroide é igualmente prevalente tanto nos homens como nas mulheres. De acordo com a análise estatística seguinte, a ocorrência de bócio multinodular é igual em ambas as categorias. Este estudo está de acordo com as conclusões do Endocrine Module. (2002), que refere que a taxa de prevalência de hipotiroidismo manifesto é de 2% para as mulheres com idades compreendidas entre os 70 e os 80 anos, 1,4% para todas as mulheres com 60 anos ou mais e 0,5% para as mulheres com idades compreendidas entre os 40 e os 60 anos. Comparativamente, a taxa de prevalência de hipotiroidismo manifesto é de 0,8% nos homens com 60 anos ou mais.

A Tabela 4.10 mostra que não existe uma diferença significativa entre hipertiroideus e hipotiroideus do Grupo C. No entanto, neste estudo, observou-se que 70% dos doentes são hipertiroideus e 30% são hipotiroideus. Por conseguinte, este estudo concluiu que a disfunção da tiroide é igualmente prevalente em ambas as categorias de doentes com anomalias. O presente estudo está de acordo com os resultados de Klein *et al.* 1991, que observaram que, em caso de hipotiroidismo subclínico, apenas o nível de TSH está elevado e o FT4 permanece normal.

Na Tabela 4.11, os indivíduos do Grupo C e do Grupo de Controlo com hipertiroidismo e hipotiroidismo foram comparados e analisados estatisticamente. Foi revelado que existe uma diferença significativa entre os doentes anormais de ambos os grupos. Por conseguinte, os resultados determinaram que a disfunção da tiroide é altamente prevalente no grupo C, comparativamente ao grupo de controlo. Este estudo determinou que a incidência de disfunções da tiroide é elevada nos doentes com bócio multinodular em comparação com o grupo de controlo.

A tabela 4.12 acima determinou a diferença estatística entre os doentes anormais, hipotiroideos e hipertiroideos e os indivíduos do grupo de controlo. A comparação do perfil lipídico do bócio multinodular (MNG) em indivíduos eutiroides, subclínicos e clínicos com hipotiroidismo e hipertiroidismo versus indivíduos do grupo de controlo mostrou diferenças não significativas através de testes não paramétricos (p > 0,05). Os doentes eutiroides, hipotiroides clínicos e subclínicos e hipertiroides não alteraram o perfil lipídico. Determinou que a disfunção hormonal era igualmente prevalente tanto no grupo experimental como no grupo de controlo. A prevalência da doença não depende da concentração de TSH. Por conseguinte, o trabalho de investigação é inconsistente com as conclusões do Dr. Firdushi Begum (2015), segundo o qual a estimativa das concentrações séricas de hormonas da tiroide e de TSH tem grande importância para o diagnóstico de problemas da tiroide. O resultado revelou que os níveis de TSH, FT3 e FT4 não afectaram o aparecimento de bócio em ambos os grupos. O estudo também não está de acordo com as conclusões de Ladenson *et al.* (2000), que também consideraram o teste de TSH como um critério para o diagnóstico de disfunção da tiroide, especialmente em casos de insuficiência mínima da tiroide (hipotiroidismo subclínico). O estudo é inconsistente com as conclusões de Evered *et al.* (1973), que investigaram que, em caso de hipotiroidismo ligeiro, a TSH sérica também se encontrava elevada e os valores de T3 e T4 permaneciam dentro dos limites normais. Estes estudos seriam úteis para compreender a prevalência do bócio multinodular (BMN) em diferentes indivíduos e também para sugerir medidas para minimizar o bócio associado ao seu aparecimento. Sugere-se ainda que o papel das interacções hormonais nestes doentes possa também ser investigado com referência às suas diferentes perturbações metabólicas.

Na Tabela 4.13, observou-se a avaliação estatística entre os doentes normais e anormais dos grupos A, B e C. A estatística indica uma diferença significativa entre os doentes normais e anormais. Este estudo determinou que a prevalência de diferentes tipos de bócio é elevada nos doentes com anomalias da tiroide, comparativamente aos doentes normais.

### 4.1.4 **Idade dos doentes**

No presente estudo, toda a amostra, composta por 454 doentes, foi categorizada em vários grupos etários. Estes grupos foram avaliados comparativamente e analisados estatisticamente com base nos testes das funções da tiroide. O intervalo normal da função tiroideia (TFTs) relativamente ao TSH diagnosticado no hospital NORI é (0,27-4,2

LilU/ml) e outros laboratórios clínicos do Paquistão. A avaliação estatística dos testes da função tiroideia nos grupos etários D, E, F e G é apresentada nos quadros 4.14, 4.15, 4.16, 4.17, 4.18, 4.19, 4.20 e 4.21.

A Tabela 4.14 mostra a diferença estatística entre os doentes normais e anormais dos grupos etários D e E. O Grupo D era constituído por 32 doentes, enquanto o Grupo E era constituído por 74 doentes com idades entre 1 e 20 anos e entre 20 e 40 anos, respetivamente. Foi observada uma diferença não significativa em ambos os grupos. Neste estudo, determinou-se que a disfunção da tiroide é igualmente prevalente em ambos os grupos etários. O presente estudo foi realizado de acordo com as conclusões de Surks *et al.* (2004), segundo as quais o processo de envelhecimento afecta tanto a prevalência como a apresentação clínica do hipotiroidismo e do hipertiroidismo.

As tabelas 4.15 e 4.18 indicam a análise estatística do hipotiroidismo e hipertiroidismo dos doentes com bócio em comparação com os indivíduos do grupo etário D (1-20) anos e do grupo etário G (60 e mais anos). As tabelas que se seguem revelaram o facto de existir uma diferença significativa em ambos os grupos etários. Por conseguinte, o estudo investigou que a disfunção da tiroide é mais prevalente nos seguintes grupos etários, comparativamente aos indivíduos do grupo de controlo. O estudo concluiu que a incidência de bócio depende da disfunção da tiroide.

Nas tabelas 4.16 e 4.17, é feita a avaliação estatística dos doentes com bócio com hipotiroidismo e hipertiroidismo pertencentes a vários grupos etários E (20-40) e F (40-60) anos em comparação com os indivíduos do grupo de controlo. Estes indicaram uma diferença estatisticamente não significativa em ambos os grupos etários. Observou-se que a disfunção da tiroide é igualmente prevalente em ambos os grupos etários. Concluiu-se que a prevalência do bócio não depende da disfunção da tiroide. Os doentes com níveis baixos de TSH têm maior probabilidade de ocorrência da doença do que os doentes com níveis elevados de TSH.

A Tabela 4.19 indica a diferença entre os doentes normais e anormais dos grupos E e F. O grupo E incluía 149 e o grupo F 96 doentes com idades compreendidas entre os 20 e os 40 anos e entre os 40 e os 60 anos, respetivamente. Neste estudo, foi revelado que existe uma diferença significativa entre os dois grupos etários. Por conseguinte, a disfunção da tiroide é mais prevalente no grupo de meia-idade (E), com um número máximo de doentes, comparativamente ao grupo etário mais elevado (F), com um número moderado de doentes. (2008) revelaram que a prevalência do hipotiroidismo subclínico aumenta com o envelhecimento devido a níveis elevados de tirotropina (TSH), variando entre 3 e 16% dos indivíduos com mais de 60 anos. Este estudo também está de acordo com as conclusões do Medical Expenditure Panel Survey. 2008, que investigou que 23% das mulheres com mais de 65 anos receberam tratamento para doenças da tiroide, uma percentagem significativamente elevada em comparação com as mulheres entre os 18-44 e os 45-64 anos de idade (3,5% e 13,3%, respetivamente).

A Tabela 4.20 mostra a diferença estatística entre os pacientes normais e anormais dos grupos etários G e F. O grupo G tem apenas 27 pacientes com idade entre 60-80 anos, enquanto o grupo F tem 40-60 anos. Quando ambos os grupos foram comparados e avaliados, observou-se uma diferença estatisticamente não significativa entre estes dois grupos. Foram obtidos resultados semelhantes através da avaliação estatística dos quatro grupos etários. O estudo concluiu que a disfunção da tiroide aumenta com a idade até aos 50 anos. Este estudo mostrou um declínio das disfunções da tiroide após os 50 anos de idade, devido ao número mínimo de doentes na faixa etária dos 60-80 anos. Este trabalho investigou que, à medida que a idade aumenta, o risco de disfunção da tiroide aumenta, mas até um certo limite. Tunbridge *et al.* 1997 relataram resultados semelhantes: a prevalência de bócio difuso diminuiu com a idade, a maior prevalência foi observada em mulheres na pré-menopausa e a proporção de mulheres para homens é de pelo menos 4:1, respetivamente.

A Tabela 4.21 indica a diferença estatisticamente não significativa entre os vários grupos etários D, E, F e G. Isto determinou que a disfunção da tiroide é igualmente prevalente em todos os grupos etários. O presente estudo não está de acordo com os resultados de Surks *et al.* (2004), que referiram que o processo de envelhecimento afecta tanto a prevalência como a apresentação clínica do hipotiroidismo e do hipertiroidismo. Este estudo tem de determinar qual o problema que está na origem da anomalia dos doentes com bócio. Deve-se à deficiência de iodo e às substâncias goiterogénicas presentes na dieta da população humana nas áreas de Rawalpindi e Islamabad

# **RESUMO**

O presente estudo foi concebido para determinar a extensão do desequilíbrio hormonal e a avaliação comparativa das disfunções da tiroide em várias doenças da glândula tiroide na população paquistanesa. Os doentes foram classificados em vários grupos com base no tipo de doença e na sua idade. Foram incluídos neste estudo diferentes tipos de distúrbios da tiroide, ou seja, bócio nodular, bócio difuso e bócio multinodular (MNG). Os doentes com bócio difuso, bócio nodular e bócio multinodular foram colocados nos grupos A, B e C, respetivamente. Por outro lado, os doentes com grupos etários de 1-20 anos, 20-40 anos, 40-60 anos e 60-80 anos foram colocados nos grupos D, E, F e G, respetivamente. Os níveis de TSH entre 0,27 e 4,2 Uiu/ml foram considerados normais para o diagnóstico nos testes de função tiroideia (TFT). Os indivíduos sem bócio foram considerados como grupo de controlo, mas podem ter hipotiroidismo ou hipertiroidismo. No grupo A, os doentes com bócio difuso com uma gama normal de TSH foram comparados com bócio difuso com hipertiroidismo e hipotiroidismo, tendo sido observada uma diferença estatisticamente não significativa neste caso. Observou-se que a disfunção hormonal é igualmente prevalente em ambas as categorias de doentes normais e anormais do grupo A. Quando os doentes com hipertiroidismo e hipotiroidismo do grupo A foram comparados com os indivíduos com hipertiroidismo e hipotiroidismo do grupo de controlo que não sofriam de bócio, foram investigadas diferenças significativas entre ambas as categorias. Foi determinado que a disfunção da tiroide é mais prevalente nos doentes do grupo A com bócio difuso do que nos indivíduos normais do grupo de controlo, tendo sido observada uma diferença estatisticamente não significativa entre os doentes normais e anormais, hipertiroides e hipotiroides do grupo B com bócio nodular. Verificou-se que a disfunção hormonal é igualmente prevalente em ambas as categorias de doentes normais e anormais do grupo B. Quando os doentes hipertiroideos e hipotiroideos do grupo B foram comparados com os hipertiroideos e hipotiroideos do grupo de controlo, foram observadas diferenças significativas entre ambas as categorias. Isto demonstrou que, neste estudo, as disfunções da tiroide eram mais prevalentes nos doentes do grupo B do que no grupo de controlo. Quando os doentes normais e anormais, hipertiroideos e hipotiroideos do grupo C com bócio multinodular foram analisados e avaliados estatisticamente, foram observadas diferenças não significativas entre estas duas categorias diferentes. Por conseguinte, investigou-se que tanto a disfunção da tiroide como a incidência da doença são igualmente prevalentes em ambas as categorias deste grupo. Quando se comparou o hipertiroidismo e o hipotiroidismo dos doentes do grupo C com o hipertiroidismo e o hipotiroidismo dos indivíduos do grupo de controlo, observaram-se diferenças estatisticamente significativas entre os dois grupos. Verificou-se que o desequilíbrio hormonal era mais prevalente nos doentes anormais do grupo C em comparação com os indivíduos anormais do grupo de controlo. Para além disso, quando os doentes normais e anormais do grupo D, que incluía doentes com idades compreendidas entre 1 e 20 anos, foram comparados com os doentes normais e anormais do grupo E (20-40 anos), foram observadas diferenças não significativas entre os dois grupos etários. Os valores dos testes de disfunção da tiroide (TFTs) eram iguais nos dois grupos etários. Quando os doentes do grupo E foram comparados com os doentes normais e anormais do grupo F, com idades compreendidas entre os 40 e os 60 anos, foram observadas diferenças significativas entre os dois grupos etários. Isto determinou que a disfunção da tiroide era mais prevalente no grupo etário E do que no grupo etário F. Quando os doentes normais e anormais do grupo F foram comparados com os doentes normais e anormais do grupo G, que incluía doentes com 60-80 anos de idade, não se observaram diferenças significativas entre os dois grupos etários. Foi demonstrado que a disfunção da tiroide e a incidência da doença são igualmente prevalecentes em ambos os grupos etários. Observou-se que o hipotiroidismo era 10 vezes mais comum nas mulheres do que nos homens, enquanto as mulheres mais velhas eram mais propensas a esta doença. Neste estudo, concluiu-se que a prevalência dos três tipos de bócio não depende dos níveis normais ou anormais de TSH. Concluiu-se também que as disfunções da tiroide eram mais prevalentes nos grupos etários dos 20 aos 40 anos e nas mulheres com mais idade. O presente estudo concluiu que a prevalência de diferentes tipos de bócio pode estar dependente da extensão da disfunção hormonal, especificamente dos níveis normais e anormais de TSH. São necessários mais estudos com dados mais alargados para determinar os problemas subjacentes à ocorrência de bócio nos doentes. Com base nestes resultados, recomenda-se a realização de estudos futuros para avaliar a interação de diferentes hormonas no corpo humano, com referência ao seu papel em diferentes actividades metabólicas.

# ÍNDICE

<u>*ANEXO I*</u>

## <u>CONSENTIMENTO</u>

O médico disse-me que para o diagnóstico provisório do meu problema. Terei de me submeter a diferentes exames, incluindo testes de função da tiroide, ecografia da tiroide e ecografia da tiroide. Um dos exames será efectuado com substâncias radioactivas. O meu médico disse-me que estes raios não são prejudiciais e que o teste é útil para o diagnóstico da minha doença. Estou disposto a fazer estas análises. ------------------------------------------------------------------------

Assinatura do paciente a e<sup>Dtd:</sup>     Nome do paciente

----------------------------

Assinatura da testemunha

Nome da testemunha

--------------------------

------------------------- Número do bilhete de identidade

Assinatura do médico                _______________________

# ANEXO-II

## INCIDÊNCIA DE DISFUNÇÃO DA TIRÓIDE EM DOENTES COM GOITER

### <u>NORI, ISLAMABAD</u>

### <u>DESEMPENHO DO DOENTE</u>

Processo n.º: _______________________

Data: _______________________

Nome: _______________________

Idade/Género: _______________________

Endereço: _______________________

Referido por: _______________________

Apresentação de queixas

|  |  | If Yes, Duration/Date | Remarks (if any) |
|---|---|---|---|
| H/O Goiter | Yes/No |  |  |

| Type | Diffuse | Solitary nodule | MNG |
|---|---|---|---|
| Physical Examination | | | |
| Thyroid scan: | | | |
| Thyroid Ultrasound | | | |

Investigações:

| TFTs | Date | Result | Comment/N.V |
|---|---|---|---|
| FT4 | | | |
| FT3 | | | |
| TSH | | | |

GRUPO ATRIBUÍDO: _______________________

# LITERATURA CITADA

Abalovich, M., N. Amino , L.A. Barbour , R.H. Cobin, L.J. De Groot , D. Glinoer, S.J. Mandel e A. Stagnaro-Green . 2007. Management of thyroid dysfunction during pregnancy and postpartum: an Endocrine Society Clinical Practice Guideline. 92 (8 Suppl):S1-47.

Akhtar, S., A. Khan, M.M. Siddiqui e N. Gul.2001. Frequencies Of thyroid problems in different age, and seasons. The Sciences, (1):153-156.

Biondi, B e D.C. Cooper. 2008. O significado clínico da disfunção subclínica da tiroide.

Biondi, B e D. C. Cooper. 2008. O significado clínico da disfunção subclínica da tiroide. Endocrinol. Rev.,(29):76-131.

Caldwell, G., S. M. Gow, V.M. Sweating, H. A. Kellett, H. J. Beckett, J. Seth e A. D. TOft . 1985. A new strategy for thyroid function testing. Lancet., (1): 1117-1119.

Cheng, S.Y., J.L. Leonard e P.J.Davis.2010.Molecular aspects of thyroid hormone actions. Endocrinol.Rev.,31 (2):139-170.

Conde, I., R.Paniagua, J. Zamora, M.J. Blanquez, B. Fraile, A. Ruizand e M.I Arenas. 2006. Influência dos receptores da hormona tiroideia na proliferação das células do cancro da mama. Ann.Oncol.,(17):60-64

Dinda, S., A.Sanchez e V. Moudgil. 2002. Efeitos da hormona tiroideia semelhantes aos do estrogénio na regulação das proteínas supressoras de tumores, p53 e retinoblastoma, em células de cancro da mama. Oncogene. (21):761-768.

Dixit, D., M.B. Shilpa, M.P. Harsh e M.V. Ravishankar.2009. Agenesia do istmo da glândula tiroide em cadáveres humanos adultos: uma série de casos. Cases J., (2); 6640.

Evren, B., 2012. Introdução à Tiroide: Anatomia e Funções, Doenças da Tiroide e Paratiróides - Novas Perspectivas sobre Algumas Questões Antigas e Algumas Novas, Dr. Laura Ward (Ed.).Endocrinol.,(4):45-78

Inquérito ao painel de despesas. 2008. Utilização e despesas médicas relacionadas com a doença da tiroide entre mulheres com 18 anos ou mais, população civil não institucionalizada dos EUA. Ann.oncol., (56):45-67

Foley, T.P., 1992. A relação entre a doença autoimune da tiroide e a ingestão de iodo.Areview.Endocrinol.POI. (43): 53-69.

Foot, L.C., T. Zainab ,G.R. Letchuman , M. Nafikudin , R. Azriman, P. Doraisingam e A.K. Khalid.1994. Bócio endémico nas aldeias dos rios Lemanak e Ai de Sarawak. Southeast Asian J. Tropical Medicine and Public Health, (25):575-578

Galeeva, A., E. Treuter, P. Tuohimma e M. Pelto-Huikko. 2002. Comparative distribution of the mammalian mediator subunit thyroid hormone recetor- associated protein (TRAP220) mRNA in developing and adult rodent brain. Eur.J.Neuro. sci., (16):671-83

Greenblatt D.Y. e H. Chen. 2007. Palliation of advanced thyroid malignancies.Surg. Oncol.,16 (4):237-47.

Groot, D., M. Abalovich, e E. K. Alexander. 2012. Gestão da disfunção tireoidiana de Clin.Endocrino. Metab., 97(8) 2543-2565.

Gruters, A e H. Krude. 2007. Atualização sobre a gestão do hipotiroidismo congénito. Horm. Res., 68(5):107-11.

Guyton, A.C e T.E. Hall. 1996. Livro de Texto de Fisiologia Médica. 9ª Ed. pp: 945-946.

Hollowell, J.G., N.W. Staehling e W.D. Flanders. 2002. TSH sérico, T4 e anticorpos da tiroide na população dos Estados Unidos (1988 a 1994): National Health and Nutrition Examination Survey (NHANES III). J. Clin. Endocrin.Metab., (87):489-99.

Hollowell, J.G., N.W. Staehling e W.D. Flanders. 2002. TSH sérico, T4 e anticorpos da tiroide na população dos Estados Unidos (1988 a 1994): National Health and Nutrition Examination Survey (NHANES III). J.Clin.Endocrinol.Metab., (87):489-99

Horlein, A.J.,T. Heinzel e M.G Rosenfeld. 1996. Regulação de genes por receptores de hormonas da tiroide. Curr.Opin. Endocrinol. Diabetes, (3):412-416

Iannacone, E.A., A.W. Yan, K.J.Gauger, A.L. Dowling e R.T.Zoeller. (2002). A hormona tiroideia exerce efeitos específicos no local sobre a expressão de SRC-1 e NCoR seletivamente no cérebro neonatal do rato. Mol. Cell Endocrinol, (186):49-59.

Imaizumi, M.E., N. Sera, I. Ueki, I. Horie, T. Ando, T. Usa, S. Ichimaru, Nakashima, A. Hida, M. Soda, T. Tominaga, K. Ashizawa, R. Maeda, S. Nagataki e M. Akahoshi. 2011. Risco de progressão para hipotiroidismo evidente numa população japonesa idosa com hipotiroidismo subclínico. *Thy.* (21): 1177-1182.

Irizarry e Lisandro. 2014. "Toxicidade da hormona da tiroide". Medscape.WedMD LLC.

Ito, K e N. Maruchi. 1975. Cancro da mama em doentes com tiroidite de Hashimoto. Lancet. (2):1119-1121.

Khan, A., M. A.Muzaffar Khan e S.Akhtar. 2002. Thyroid Disorders, Etiology and Prevalence. Med. Sci. (2):89-94

Khandelwal, D e N. Tandon. 2012. Overt and subclinical hypothyroidism: who to treat and how.Drugs.72(1):17-33.

Klein, R. Z., J. E. Haddow e J. D. Faix. 1991. Prevalência de deficiência de tiroide em mulheres grávidas, Clin. Endocrinol. 35(1): 41-46.

Kumar, V., R. S. Cotran e S. L. Robbins.1997.Basic Pathdogy Sixth Ed. p. 643-652. W.B. Saunders and co.

Ladenson, P. W., P.A. Singer, K.B.Ain, N. Bagchi, S.T. Bigos e E.G. Levy. 2000. Orientações da American Thyroid Association para a deteção de disfunções da tiroide. Arch. Intern. Med., (160):1573-5.

Lazar, M.A., 1993. Receptores da hormona tiroideia: múltiplas formas, múltiplas possibilidades. Endocrinol.Rev.,( 14):184-193

Lin, H. Y., V. Cody, F. B. Davis, A. A. Hercbergs, M. K. Luidens e S. A. Mousa. 2011. Identificação e funções do recetor da membrana plasmática para análogos da hormona da tiroide. Disc. Med.11 (59): 337-347.

Luboshitzky, R., Y. Dgani, S. Attar, G. Qupty e E.F. Tamir.1995.Prevalência de bócio em crianças que imigraram de uma área endémica de bócio na Etiópia para Israel.

Macchia, P.E., P. Lapi, H. Krude, M.T. Pirro, C.Missero, e L. Chiovato. 1998). Mutações PAX8 associadas ao hipotiroidismo congénito causado por disgenesia da tiroide. Nature Genetics.19 (1); 83-6.

Morreale de Escobar G., M.J.Obregon F.Escobar Del Rey. 2004. Papel da hormona tiroideia durante o desenvolvimento inicial do cérebro. Eur. J. Endocrinol, 151(3):45-78

Muller, G.M., W.S Levitt, S.J Louw.1997. Disfunção da tiroide nos idosos S. Afr. Med. J., (87): 1119-1123.

Oppenheimer, J.H., D. Koerner, e H L.Schwartz. 1972 . Locais específicos de ligação da triiodotironina nuclear no fígado e no rim do rato. J.Clin.Endocrinol.Metab. 35: 330-3.

Paschke, R e M. Ludgate. 1997. O recetor da tirotropina nas doenças da tiroide. New Engand Journal of Medicine, (23): 1675-81.

Rosen, M. D e M.L. Privalsky. 2009. As mutações do recetor da hormona tiroideia encontradas em carcinomas renais de células claras alteram a libertação do corepressor e revelam a hélice 12 como determinante chave da especificidade do corepressor. Mol. Endocrinol. 23:1183-92.

Schwartz,C.E e R.E. Stevenson. 2007. O transportador de hormonas da tiroide MCT8 e a síndrome de Allan-Herndon-Dudley. Melhores práticas. Clin. Endocrinol.Metab. 21(2):307-321.

Sippel, R.S., M. Kunnimalaiyaan e H. Chen. 2008. Gestão atual de cancro medular da tiroide.Oncol.13(5):539-47.

Somwaru, L.L., C.M. Rariy, A.M. Arnold, A.R.Cappola.2012.The natural history of subclinical hypothyroidism in the elderly: the cardiovascular health study. J.Clin.Endocrinol.Metab. 97: 1962-1969.

Suarez, M.P.D. 1997. Thyroid Disease.http:f,huww.icsi.net/medical/chest/ med. 50715.txt).

Surks, M.I e J.G. Hollowell.2007. "Age-specific distributionofserumthyrotropin and antithyroid antibodies in the US population: implicationsfor the prevalence of subclinical hypothyroidism". J.                                    Clin. Endocrinol.Metab., 92 (12): 4575-82.

Surks, M.I., E. Ortiz, G.H. Daniels, C.T. Sawin, N.F Col, R.H. Cobin J.A. Franklyn, J.M. Hershman, K.D. Burman, M.A. Denke, C.Gorman, R.S. Cooper e N.J. Weissman.2004. Doença subclínica da tiroide: revisão científica e orientações para o diagnóstico e gestão.JAMA.,291(2):228- 38.

Suzuki, S., S. Nisiho, T. Takeda e M.Komatsu. 2012. Regulação específica do género da resposta à hormona tiroideia no envelhecimento. Thy.Res.,( 5): 34-45

Tomer, Y. 2010.Genetic susceptibility to autoimmune thyroid disease: past, present, and future. Thyroid. 20(7):715

Tunbridge, W.M.G., D.C. Evered e R.Hall . 1977. The spectrum of thyroid disease in the community. theWhickham survey. Clin.Endocrinol.Oxf. *(7):481-93*.

Vandana, A.Kumar, R. Khatuja e S. Mehta. 2014. Disfunção da tiroide durante a gravidez e no período pós-parto: tratamento e recomendações mais recentes. 289(5):1137-44.

Vander pump, M. P. J. A epidemiologia das doenças da tiroide.2005.In: B. LE, Utiger RD, (Ed.) Werner e Ingbar's The Thyroid: Um texto fundamental e clínico. 9th edn. Philadelphia: JB Lippincott-Raven, 398-496.

Venturi, S. 2001. Existe um papel para o iodo nas doenças da mama? Breast., (10): 379382.

Wallis, K., S. Dudazy, M. Van Hogerlinden, K. Nordstrom, J. Mittag e B. Vennstrom. The thyroid hormone recetor alpha1 protein is expressed in embryonic postmitotic neurons and persists in most adult neurons.Mol.Endocrinol .,(24):1904-1610.

Warner, M e Burch.1984.Endocrinology for the House Officer,; 101-102.
Woeber, K.A. 1991. Iodo e doenças da tiroide. The Medical Clinics of North América.75(1): 169-78.

Yamada,M e M. Mori. 2008. Mechanisms related to the pathyophysiology and management of central hypothyroidism: Natureza da prática clínica. Endocrinol.metab.4(12): 683-694

Zygmunt, A., Z. Adamczewski, K.Wojciechowska-Durczynska, A .Cyniak- Magierska, K .Krawczyk-Rusiecka, A. Zygmunt, M. Karbownik-Lewinska, e A. Lewinski.2012.Avaliação da eficácia da profilaxia com iodo na Polónia com base no exame de crianças em idade escolar que vivem na cidade de Opoczno (Lodz Voivodship). Thyroid Res., *(5):* 23-45

Printed by Books on Demand GmbH, Norderstedt / Germany